U0284705

筑境

中国精致建筑100

王春波 上明 撰文并摄影

北岳恒山与悬空寺

中国建筑工业出版社

出版说明

中国是一个地大物博、历史悠久的文明古国。自历史的脚步迈入新世纪大门以来，她越来越成为世人瞩目的焦点，正不断向世人绽放她历史上曾具有的魅力和光辉异彩。当代中国的经济腾飞、古代中国的文化瑰宝，都已成了世人热衷研究和深入了解的课题。

作为国家级科技出版单位——中国建筑工业出版社60年来始终以弘扬和传承中华民族优秀的建筑文化，推动和传播中国建筑技术进步与发展，向世界介绍和展示中国从古至今的建设成就为己任，并用行动践行着"弘扬中华文化，增强中华文化国际影响力"的使命。从20世纪80年代开始，中国建筑工业出版社就非常重视与海内外同仁进行建筑文化交流与合作，并策划、组织编撰、出版了一系列反映我中华传统建筑风貌的学术画册和学术著作，并在海内外产生了重大影响。

"中国精致建筑100"是中国建筑工业出版社与台湾锦绣出版事业股份有限公司策划，由中国建筑工业出版社组织国内百余位专家学者和摄影专家不惮繁杂，对遍布全国有历史意义的、有代表性的传统建筑进行认真考察和潜心研究，并按建筑思想、建筑元素、宫殿建筑、礼制建筑、宗教建筑、古城镇、古村落、民居建筑、陵墓建筑、园林建筑、书院与会馆等建筑专题与类别，历经数年系统科学地梳理、编撰而成。本套图书按专题分册，就其历史背景、建筑风格、建筑特征、建筑文化，结合精美图照和线图撰写，全套100册、文约200万字、图照6000余幅。

这套图书内容精练、文字通俗、图文并茂、设计考究，是适合海内外读者轻松阅读、便于携带的专业与文化并蓄的普及性读物。目的是让更多的热爱中华文化的人，更全面地欣赏和认识中国传统建筑特有的丰姿、独特的设计手法、精湛的建造技艺，及其绝妙的细部处理，并为世界建筑界记录下可资回味的建筑文化遗产，为海内外读者打开一扇建筑知识和艺术的大门。

这套图书将以中、英文两种文版推出，可供广大中外古建筑之研究者、爱好者、旅游者阅读和珍藏。

目录

北岳恒山与悬空寺

耸峙在山西省浑源县境内的北岳恒山为全国重点风景名胜区，相传西汉初就开始在山上兴建庙宇，今存历代建筑近30处，多系明、清两代重建，是一处自然风景与文物名胜相结合的道教宫观建筑群。坐落在浑源县城南4公里恒山入口处金龙峡内的悬空寺则为佛教建筑，始建于北魏晚期、金、明、清历代屡经重修或补葺，今存者呈明代风格。

图0-1 悬空寺山门入口/后页

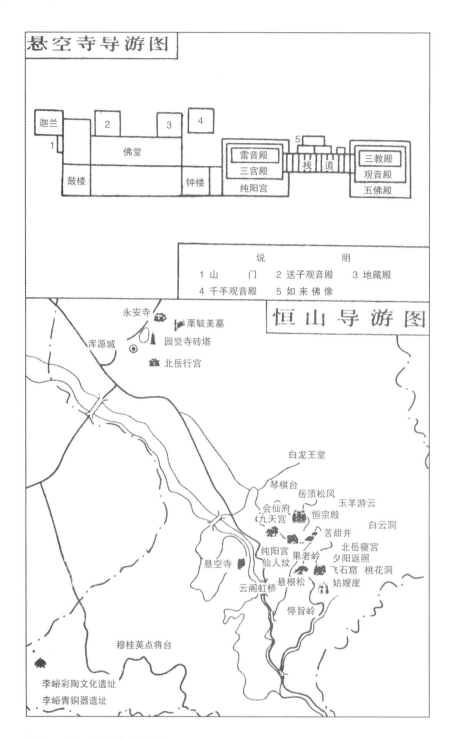

图0-2 恒山游览点的悬空寺示意图

一、天地有五岳 恒山居其北

a

图1-1a~e 恒山远景

恒山主峰位于山西省浑源县县城北4公里处。相传舜帝巡狩至此，见山势险峻雄奇，遂封之为"北岳。"恒山谷大沟深，连绵数百里，横亘塞上，关隘险要，被称为"天下形胜处，兵家卧虎地"。恒山风景优美，群峰对峙，浑水中流，怪石争奇，楼台殿阁密布，以地险、山雄、寺奇、泉绝而闻名于世。

恒山主峰海拔2052米，在山西省浑源县城南约10公里，北距古城大同市60多公里。恒山之名很早即见于史籍。《尚书·禹贡》有"太行、恒山，至于碣石，入于海"的记载。

《周礼·职方》云："正北曰'并州'其山镇曰'恒山'。"《风俗通》对恒山得名的含义作了解释："恒，常也。万物伏北方，有常也。"刘翔《重修恒山庙记》碑文则认为"山之尊者为'岳'，而恒山岳于北者，阴终阳始，其道常久。'恒'之名以此。"相传舜帝北巡至此，见山势险峻，奇峰壁立，遂封之为"北岳"。《尔雅》："恒山为北岳。"汉文帝刘恒避其名讳，改称"常山"。《白虎通》："北方阴终阳始，其道常久，故曰'常山'。"此外，恒山还有太恒山、大茂山、神尖山、宏山、元岳、玄岳、阴岳、紫岳、镇岳等不同称谓。秦始皇封天下十二名山，推崇恒山为"天下第二名山"，并亲临观瞻，汉武帝

b

亦曾亲临祭祀；北魏太武帝拓跋焘曾经攀登恒山天峰顶；隋炀帝曾"亲祀恒岳，西域吐谷浑十余国咸来助祭"；唐朝历代帝王更撰文称颂恒山，并分别于玄宗开元元年（713年）以及天宝五年（746年）封北岳神为"安天王"；宋朝皇帝曾经面对恒山顶礼遥祭，并于真宗大中祥符四年（1011年）加封北岳神为"安天元圣帝"；元惠宗至元五年（1339年）加封北岳神为"安天大贞元圣帝"；明、清两朝帝王则屡遣使臣赴恒山致祭。恒山与东岳泰山、西岳华山、南岳衡山、中岳嵩山并称"五岳"，齐名天下，1982年，恒山被列为全国重点风景名胜区。

恒山山势陡，谷大沟深，道路崎岖，关隘险要，连绵数百里。恒山境内号称有一百单八峰，既是一壁河山的天然屏障，又是逐鹿中原的战略要地，内长城蜿蜒其间，宁武、雁门、平型、紫荆、飞狐、倒马诸关连环相望，南屏三晋，北屏云燕，西控勾注，东扼太行，易守难攻，被称为"天下形胜处，兵家卧虎地"之"人天北柱"、"绝塞名山"，向为兵家必争之地。自战国经秦、汉而迄唐、宋，这一带常常是狼烟迭起，烽火连绵。西汉李广、北魏道武帝拓跋珪、唐初尉迟恭、北宋杨业等均曾屯兵戍边于此，历代王朝皆在恒山乱岭关、磁窑口设巡检司或筑堡防守。因为这里自古战火频仍，有时不在中原王朝的势力范围之内，而五岳封禅之礼又不可废，于是统治者便以河北省曲阳县境内的恒山余脉取而代之，以作为权宜之计，故北岳所在有二说，打了许多年

c

d

筑境 中国精致建筑100

的笔墨官司。沈括《梦溪笔谈》作了这样的调和："盖恒山周三千里，浑源南二十里与在曲阳西北百四十里者，实一山也。"直到明代，由于国家统一，才又正式把山西省浑源县境内的恒山主峰定为北岳之正。清世祖顺治十七年（1660年）正式于浑源恒山祭祀北岳，圣祖康熙皇帝为北岳恒山亲笔御题"化垂悠久"匾额而赐赠之。

恒山群峰拱卫，气势非凡。沿着登山古道拾级而上，乱岩一径，百转千回，上有古木交荫，下有荆榛牵裾，时有断崖险磴，常使人望而却步。攀至岳顶，但见殿堂榱角相望，钟鼓之声相闻，琼楼玉宇碧瓦朱甍掩映在苍松翠柏之间，确乎是风景独秀，别有天地。汉代史学家班固有"望常山之嵯峨，登北岳而高游"的感叹。唐朝诗人贾岛则以"天地有五岳，恒山居其北。岩峦叠万重，诡怪浩难测"一首脍炙人口的绝句力赞恒山的奇嵬。恒山主峰玄武峰由东峰天峰岭，西峰翠屏山组成，两峰东西对峙，浑水中流，怪石争奇，楼台殿阁散布在松柏间、峭崖上，以地险、山雄、寺奇、泉绝闻名于世，古有"三寺四祠九亭阁，七宫八洞十五庙"之称，相传早在西汉初年即开始在山上兴建庙宇。今尚存北岳庙（朝殿）、太乙庙、关帝庙、文昌庙、二郎庙、疮神庙、寝宫、九天宫、纯阳宫、碧霞宫、玉皇阁、奎星阁、紫微阁、御碑亭、玄井亭、接官亭、三清殿、十王殿、会仙府、梳妆楼、阎道祠、得一庵、悬空寺等以道教为主的建筑凡24处。久负盛名的悬空寺坐落在恒山入口处，则

e

系儒、道、佛三教合一的寺庙，当地有"悬空寺，半天高，三根马尾空中吊"的民谣广为流传，极言古刹之惊、险、奇、巧。寺宇处于金龙峡峡谷峭壁之上。今于金龙峡最窄处建水库大坝一座，蓄洪容量达1300万立方米。坝高逾50米，长150米。库内碧波荡漾，浩渺壮阔。每至夏日开闸 放水，飞流直泻，水帘高挂，喷珠溅玉，蔚为壮观。山上有恒岳山门、紫芝峪、月牙窟、飞石窟、夕阳岩（舍身崖）、果老岭、玄武井、琴棋台、大字湾、虎风口、紫霞洞、玉皇洞、总真洞、还元洞、出云洞、罗汉洞、石门峪口等景点。相传八仙之一的张果老即于此修行成功，倒骑毛驴上天，果老岭上传有驴蹄迹。自古迄今广为流传的 "恒山十八景"大致为：磁峡烟雨、云阁虹桥、云路春晓、虎口悬松、果老仙迹、幽窟飞石、危峰夕照、断崖啼鸟、石洞流云、龙泉甘苦、茅窟烟火、金鸡报晓、玉羊游云、紫峪云花、脂图文锦、仙府醉月、弈台鸣琴、岳顶松风等，可惜多数景观因年久失修业已荒废，但"岳顶松风"、"危峰夕照"、"金鸡报晓"、"玉羊游云"等有特定环境和时间的自然景观至今尚存，为游人所眷恋。其中的"金鸡报晓"和"玉羊游云"尤为著名，有碑碣"东岱大夫之松，西华仙人之掌，南衡龙书蛇篆，北恒金鸡玉羊"之题刻，以此二景为北岳恒山的典型代

图1-2 "恒宗"崖刻／对面页
位于恒山停旨岭东侧峭壁上，双线阴刻"恒宗"两个大字，字高6米，宽4米余，笔力雄健浑厚，为明代成化年间张开题字。

表景观而与他岳佳景相并列。在恒山的悬崖峭壁上多留有古人题咏，停旨岭东侧峭壁上镌刻的"恒宗"二字每字约25平方米，系双线阴刻，笔力雄健，旁署"明成化张开题"字样，备受书法鉴赏者的厚爱。

1991年，在徐霞客逝世350周年国际纪念活动之际，有关部门于恒山悬空寺前兴建徐霞客纪念亭一座，内竖大理石纪念碑一通，以志纪念。明思宗崇祯六年（1633年），47岁的徐霞客不畏难险，在恒山进行了历时两天的考察，在他撰写的《游恒山日记》中对恒山和悬空寺等景观给予高度评价，有关部门因而建亭立碑以纪念此事，为恒山平添一景。

二、殿阁崔巍北岳庙

　　恒山上的古建筑群大多由道教建筑组成，分布在山坳里，峭壁下，悬崖上，树丛中，因受地形的限制而摆脱了中国传统庙宇和官殿建筑中轴对称的束缚，在布局及造型上显得颇为自由潇洒充满生气。这些古建筑中尤以雄视南天负崖高耸的北岳庙规模最大且最有代表性。

　　北岳庙又称"朝殿"，亦名"贞元殿"、"恒宗庙"，始建于明孝宗弘治十四年（1501年），庙内各种建筑依山就势，高下叠置，由崇灵门、青龙殿、白虎殿、南天门、钟鼓二楼、藏经楼、更衣楼、朝殿等组成。庙宇长约80余米，宽35米。除朝殿和崇灵门为明代 建筑外，余皆清代遗构。崇灵门居庙宇前列，单檐歇山顶，朱门铜钉，碧瓦红墙，气势雄伟而壮观。门内置泥塑恒山神像一尊，身姿魁伟，面容威严，令人敬畏。青龙及白虎两座殿堂建于崇灵门的庭院两侧，入崇灵门内行，迎面矗立石阶103级，十分陡峻，"登如缘壁行，以手足踞地匍匐始上"（见《徐霞客游记》）。过石阶顶部二柱单檐悬山顶牌楼南天门，正面为巍峨矗立的朝殿，殿前檐下悬菱形铁铸云牌1枚，虽非巨制，却是北魏遗物。廊下今存清代

图2-1 悬空寺全景

图2-2 北岳恒山牌楼
位于恒山进山口处，铺黄琉璃瓦；青绿彩画，两只高大的汉白玉石狮雄卧牌楼前侧，成为恒山入口的标志。

御祭恒山文石碑20余通；明神宗万历二十七年（1599年）《新贮道人藏经记》碑一通，碑文详细记述了是年朝廷赠恒山北岳庙《大藏经》1584卷的历史。这些经卷原本分别储存在四个大橱柜里，置于庙内，可惜于动乱的民国年间全部遗失。

北岳庙的主体建筑朝殿面阔五间，明间宽4.8米，两次间各宽4.5米，两梢间各宽2米，通面阔17.8米；进深三间，长10.9米。殿身坐落在0.2米高的台基之上，前有石栏围护。大殿为单檐歇山顶，总高10.55米，黄、绿两色琉璃瓦覆盖，施三彩琉璃脊饰。殿顶坡度较平缓，前面出单步檐廊，两侧为歇山回廊。殿前明、次三间檐柱上均安装六抹头隔扇门，每间4扇，两梢间砌筑槛墙，上施四抹头隔扇窗，此种装修规制显得别具风采，在山西北部地区的古代建筑中颇为少见。殿内次间外金柱上蟠龙缠绕，形态生动，当系清代重修时补制。大殿柱

图2-3 从崇灵门外望/上图

崇灵门为明代所建，是登北岳庙的必经之门。

图2-4 石阶/左图

入崇灵门登朝殿，须登 103 级石阶，徐霞客曾记："登如缘壁行，以手足踞地匍匐始上"，极言其势陡峭险峻。

殿阁崔巍北岳庙

北岳恒山与悬空寺

筑境 中国精致建筑100

头作覆盆式卷杀，柱础素面无饰，柱身为"直柱造"形式，微有侧脚和生起，使大殿显得庄重古朴，具有较为鲜明的明代建筑特色。殿内柱网排列整齐，减去殿内金柱4根，属"减柱造"。内、外檐均施斗栱，分布在前檐及两侧山墙和殿内梁架之间，共有40攒，柱头科斗栱为五踩双下昂重栱计心造。殿内梁架为"彻上露明造"，因无天花板遮盖，梁架露明，故梁枋构件全部采用"明栿"做法，制作精细。该殿举架按宋《营造法式》定制为1：3，故殿顶曲线平缓，颇为优美。大殿前檐额上悬"凤"字形巨匾一方，题曰"贞元之殿"。前檐6根明柱上俱悬挂长联，中间一联为"恒岳万古障中原惟我圣朝归马牧羊教化已隆三百

025

载，文昌六星联北斗是真人才雕龙绣虎光芒雄射九重天"；旁边一联为"蕴昴毕之精霞蔚云蒸万丈光芒连北斗，作华夷之限龙盘虎踞千秋保障镇中原"。两副对联形象地概括了北岳恒山的特殊地形和雄伟气势。大殿内塑北岳恒山之神即北岳大帝像，其面部贴金，头戴平天冠，身披朱绫，双眼微眕，端庄沉静，颇具帝王气概。4尊文臣与4尊武将塑像恭侍北岳大帝两侧，高约4米。神龛上方高悬清圣祖康熙皇帝御书"化垂悠久"四个大字，笔力遒劲，结体古拙，是恒山金石艺文题咏类文物中的珍品。

北岳庙下方两侧建有十王殿，亦称"白虚观"。庙内主殿面阔三间，进深两间，平面呈方形。殿内正中塑地藏王菩萨像，两侧布列十殿阎君像，墙上壁画为十八层地狱。因地势窄小，主殿左右各建配殿仅一间，院内有半截石经幢。

图2-8 朝殿内景
朝殿内供奉北岳恒山诸神，有北岳大帝及其文臣武将，神态庄严肃穆。

三、就窟起飞甍

图3-1 从悬空寺上俯瞰

图3-2 寝宫窟崖
寝宫及梳妆楼利用岩窟安排布局，在有限空间内构筑建筑，具有园林建筑特色。

　　隐于幽龛嵌入石窟的北岳寝宫是恒山风景名胜区的主要景点之一。据有关史籍记载，寝宫最早建于北魏太武帝太延元年（435年），为北魏正殿之前身，俗称"旧岳庙"，乃恒山古建筑之祖，《恒山志》称名"旧殿"。庙宇屡建屡毁，直至明孝宗弘治十四年（1501年）再次扩建恒山宫观，改旧岳庙为寝宫，另于旧庙北侧重建新岳庙，寝宫遂成为其附属建筑，今存寝宫即明弘治年间扩建恒山宫观时之遗构。

　　寝宫是北岳大帝及帝后的休憩之所，与处理朝政的朝殿相比，当然多了一份温馨和静谧。这座建筑利用岩窟和自然地形布局，在飞石窟内的有限空间里起殿楼3座，以寝宫为正，梳妆楼偏南，二者相距10米左右。此外在寝宫的北侧另建后土娘娘庙。三座殿阁各依岩龛，随地势自由布局，趣味盎然。宫南有洞一窟，即著名的恒山还元洞。

图3-3 寝宫外景
北岳寝宫是恒山风景名胜区
主要景点之一，它利用岩窟
和自然地形巧妙布局，建筑
因借山形地势，结构自然，
构思奇巧，别具风韵。

　　寝宫背东面西，面阔三间，进深两间，重檐歇山顶，前檐与左右两侧三面出廊。殿身耸立于石砌平台上，台高0.5米，中施三阶垂带踏道。整个建筑镶嵌在岩龛之内，形成正脊紧贴岩体，后坡瓦顶及后部垂脊和搏风板等完全被山崖所取代。三面廊柱露明，前檐明间施六抹头隔扇门6扇，次间下砌槛墙，上开直棂窗，左右山墙围护，后檐依崖成室，在上、下檐平板枋上施斗栱挑出檐口。殿顶施黄琉璃瓦脊兽，绿琉璃瓦剪边。殿内施柱17根，其中廊柱9根，檐柱6根，后金柱2根；减去前槽金柱2根，以扩大殿内空间。下檐施三踩斗栱，单昂计心造，分布于廊柱和平板枋上，共计14攒。上檐斗栱五踩，双下昂计心造，共计12攒。这些斗栱的使用既提高了建筑物的等级，又增强了建筑物本身的华丽感，是不可缺少的重要构件。宫内后部依岩建龛，内置北岳大帝夫妇塑像及左右侍从，均系明代原作。神龛的柱首施栏额和平板枋，上置十一踩斗栱，出下昂五层，用材极小，犹如斗栱叠架之建筑模型，显得华美而富丽。

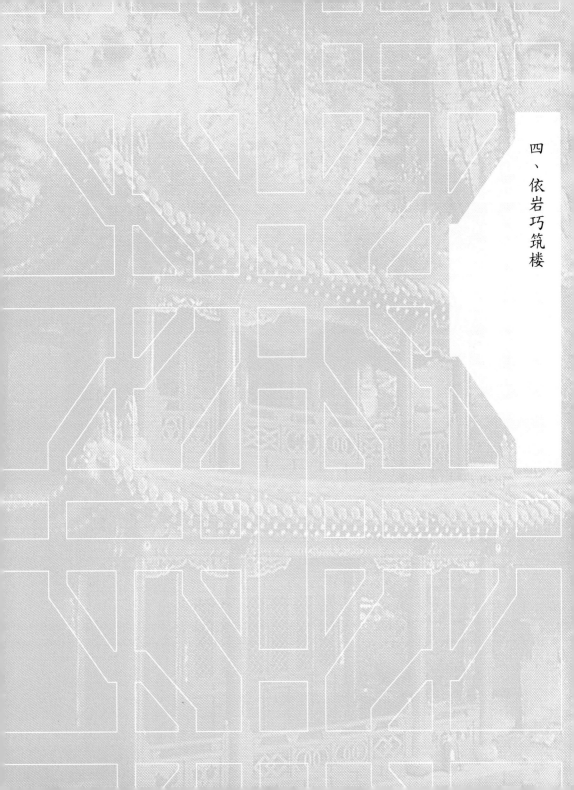

四、依岩巧筑楼

a

图4-1a,b 梳妆楼
梳妆楼建于石台砌基之上，坐南向北，面阔三间，进深三间，双层重檐歇山顶，梁架结构灵巧简洁，卯榫牢固，造型活泼、富有变化，是清代所建。

　　中华民族传统文化中由人来建构的仙境鬼域实际上就是人间生活的折射，于是北岳恒山的主宰神灵不但有办公的朝殿、休憩的寝宫，而且还有用于整理容貌、头发、服装、饰物的专门场所——梳妆楼。与寝宫相隔不远的这座供北岳大帝及帝后美容的梳妆楼亦为北岳庙的附属建筑，系清代遗构，建于高0.5米的石砌台基上，坐北向南，面阔三间，进深两间，宽5.7米，深5.3米，平面近方形，高8.22米，重檐歇山顶，用黄、绿色琉璃瓦覆盖。楼内平面布置简单明了，仅用檐柱4根，廊柱8根，均为圆柱，全部置于鼓形柱础石上，4根檐柱贯通上下层，后檐柱直抵脊檩，前檐柱承托下金檩，柱间以枋材相连。下层前檐左右山面廊柱柱头施抱头梁，后尾交于柱上，承托下层挑檐檩。上层廊柱柱脚开骑心卯口置于下层抱头梁上，紧靠下层廊柱柱头，上层围廊较下层内收一个柱径；檐柱柱头以单步梁互交，后端开卯榫插入檐柱柱身，以承托上层山面檐椽。再上施额枋横穿而过，起三架梁作用。上下两层前檐明间施五抹头隔扇门，均为4扇，用材较小。梳妆楼构架灵巧简洁，外观活泼，是一座装饰性较强的楼阁建筑。

五、香火鼎盛九天宮

图5-1 九天宫宫门

香火鼎盛九天宫

⊙ 筑境 中国精致建筑100

九天宫在恒宗峰西北侧高阜上，北倚凌云阁和斗姆阁，南靠山神庙和疮神庙，东邻纯阳宫及太乙庙，是恒山建筑群的中心建筑之一。

在中国大地土生土长的宗教道教将与人类居住的"地"相对应的虚无缥缈幻化无穷非人类的"神"和"仙"们往来驻留的所在称之曰"天"，谓由三清玄、元、始三炁各生三炁合成九炁以成"九天"。北岳恒山九天宫内供奉的主神为"九天玄女"，亦称"元女"、"玄女"，"九天娘娘"。玄女神本来是中国古代神话中的女神，后来成为道教信奉的尊神。据《云笈七签·九天玄女传》及《黄帝内传》记载，九天玄女为"人头鸟身"，是黄帝的老师，圣母元君的学生。黄帝和蚩尤在涿鹿打仗时，玄女神下降人间，以六壬、盾甲、兵符、图案、印剑等物传授黄帝，并为黄帝特制夔牛鼓80面，终于打败并肢解了蚩尤。因其系女神，故在民间又有了与佛教中的送子观音相同的职司——主管生儿育女。

图5-2 九天宫圣母殿

九天宫位于恒宗峰西北侧高阜上，宫门居正南，正北为九天圣母殿，正殿两侧建东西耳殿，左右两厢建配殿。宫院周围花草繁茂，松柏苍郁，是恒山古建筑中的重要建筑之一。

九天宫所在院落呈长方形，坐北朝南，宫门居前，正北为九天圣母殿，内有九天圣母塑像。圣母殿两侧建东、西耳殿，左、右两厢建配殿及钟楼和鼓楼，结构严谨，布局对称。宫院四周花草繁茂，松柏蓊郁。宫院北部高崖上生长古松4株，犹如华盖，笼罩庭院，给人以超尘脱俗清幽静谧之感。从建筑规模上来说，九天宫是恒山诸庙中 仅次于北岳主体建筑恒宗庙（北岳庙）的重要建筑，过去是人们求嗣问子之地。中国传统道德认为"不孝有三，无后为大"，故专司送子的道教尊神九天玄女所在之九天宫历来香火极旺。宫院始建年代不详，但由《恒山志》可知，明以前即有此庙。明神宗万历二十四年（1596年）朝廷御赐北岳恒山各种道经512种共计1479卷，特派遣御马监白忠专程自北京护送至此，连同神宗朱翊钧敕谕恒山北岳住持道士的圣旨统统供奉于九天宫殿内，九天宫在恒山诸庙中的地位由此可知。

图5-3 圣母殿内景
圣母殿内供奉九天玄女圣母像及众侍者，过去是人们求嗣问子之地，香火极为隆盛。

六、群仙萃集会仙府

群仙萃集会仙府

◎ 筑境 中国精致建筑100

图6-1 会仙府/前页

会仙府依山崖岩窟而建，面阔三间，进深二间，前檐出廊，庙顶崖壁刻"会仙府"三个大字，两旁建御碑亭和玉皇阁。相传会仙府曾为北岳恒山众仙聚会之处，又名"集仙洞"，这里环境幽雅古朴，松柏苍翠，琼花烂漫，建筑在险峰绝壁间尤为引人注目。

不食人间烟火的神仙们历来聚集在风景秀丽胜名远扬的名山大川中，而传说中光临北岳恒山经常留驻的神仙们在恒山萃集的地方便是会仙府。会仙府又名"集仙洞"，建于山崖间的一个天然岩窟之内。窟中平台约半亩见方，形如弯月，窟内依崖建庙，面阔三间，进深二间，前檐出廊，古朴幽雅。庙内塑神像27尊，分别为福、禄、寿三星像及上、中、下八洞24位神仙像，造型各异，表情生动，神采飞扬，各具仙风道骨而显得超凡脱俗。会仙府规模不大，倘建在平地则无足轻重，然而当其处于特殊地域特殊环境中的特别位置之后，便会显得不同凡响。会仙府前有古柏数株，高约二三十米，依崖直立，挺拔巍峨，似乎在以其旺盛的生命力和蓬勃向上的朝气而与北岳主峰一比高低。庙宇四周瑶草铺翠，琼花烂漫，庙顶崖壁镌刻"会仙府"三个大字，庙旁建御碑亭和玉皇阁。御碑亭内有清圣祖康熙皇帝御书"化垂悠久"四字碑，亭为砖砌八角攒尖顶。玉皇阁系2层木构，内有楼梯可供上、下登临，墙壁上遍布历代文人题咏，阁外会仙崖上则有历代文人咏唱恒山雄姿的摩崖题刻。

七、绝壁镶嵌三清殿

绝壁镶嵌三清殿

筑境 中国精致建筑100

图7-1 纯阳宫/前页

图7-2 纯阳宫外景
纯阳宫建于恒山翠屏峰北半崖绝壁间崖台之上，传说曾为八仙之一的吕洞宾修炼之处。现有建筑为四合小院，进入圆洞形山门，正北为纯阳殿，面阔三间，单檐歇山顶，设前廊，左右建配殿。整个建筑居高临下，玲珑秀丽。

三清殿在恒山风景名胜区翠屏峰北之半崖绝壁间，因殿内供奉居天界最高之"玉清"仙境的最尊天神元始天尊、居天界"上清"仙境的灵宝天尊、居天界"太清"仙境的道德天尊等"三清"神像而得名。大殿面阔三间，进深一间，因建于人迹罕至的半崖绝壁间，故令人惊叹称奇。殿内除三清主像外，两侧还有其他神仙塑像14尊，保存基本完好。殿东西两侧为长约百米之崖台，台上还有文昌阁、纯阳宫、白衣殿、朱衣阁、娘娘庙、奎星阁等建筑，与主体建筑三清殿共同形成一组居高临下、玲珑秀丽的道教宫观群落，在蓝天白云下、苍松翠柏中、险峰绝壁间超然独处，引人瞩目。

八、风骨奇傲恒山松

风骨奇傲恒山松

镜境 中国精致建筑100

　　恒山松风骨奇傲，是恒山风光中最具魅力的一景。行至虎风口，但见一株株古松或直立于丹崖上，或倒挂在绝壁间，如伞撑开，如鸟展翼，如亭肃立，如龙腾飞，如桥相连，真是千姿百态，不拘一格，各逞风骚，令人叹为观止。"迎客双松"在停旨岭西南红石梁，公路自双松之间穿过，两松夹道恭立，迎候佳宾，乃恒山松中年龄之最长者。"蒲团松"亦称"荷叶松"，在果老岭登山路径西侧峭壁间，松顶平阔，形似蒲团，又如荷叶飘浮于云海苍茫间，故以"蒲团"或"荷叶"名之。"悬空松"在飞石峰西紫霞洞旁半崖峭壁间，上载危崖而下临深谷，悬空偃卧，侧身下探，令人称奇道绝。"悬根松"在虎风口山岔风口上，根

a

b

图8-1a,b 恒山古松

恒山古松千姿百态，风骨奇傲，在悬崖上，在绝壁间，或直立，或倒挂，如龙腾跃，如鹏展翅，形成恒山中最具魅力的奇特景观，令人叹为观止。

茎盘屈裸露，迎风巍然屹立，紧抱岩石，虬枝迸发，苍叶连理，披翠如伞，遮日留荫，雄姿伟岸，风吹松鸣，涛声贯耳，犹如虎啸龙吟。

"四大夫松"扎根于大字湾前面的石梁上，分别为御史松、将军松、学士松、女驸马松。北岳庙的崇灵门前挺立着一株裸露筋骨的"飞龙松"，虽然称松，实则为柏，除树顶一小枝上尚存有数的几片绿叶外，余皆枯干，状似飞龙，令人称奇。恒山大多数古松依险壁立，姿态各异，《浑源州志》有诗赞曰："参天盖影郁孤岭，瑟瑟松风自满林。响彻悬崖惊虎啸，韵流空谷杂龙吟。千年劲节摩霄汉，万顷云涛历古今。清籁不空尘俗耳，乘间吟眺一披襟。"

九、峭壁悬空建梵宫

悬空寺距浑源县城4公里，为全国重点文物保护单位。寺宇上接危崖，下临险谷，倚山为基，就岩起室，结构巧妙，造型奇特，明攀暗附，虚实相生，悬空而建，饶富险趣，故名"悬空寺"。据清高宗乾隆年间版《浑源州志》记载，"悬空寺在州南恒山下磁窑峡，悬崖三百余丈，崖峭立如削，倚壁凿窍，结构层楼，危楼仄蹬，上倚遥空，飞阁相通，下临天地，恒山第一景也。"其他志书史籍均有记载，都说悬空寺始建于北魏晚期，即公元6世纪，金、明、清历代屡经重建或修葺，在明、清两代达到极盛期，今存建筑多为这一时期的遗构。

寺院的总体布局以释迦殿、雷音殿、三佛殿、五佛殿、观音殿、地藏殿、伽蓝殿、三教殿、三官殿、太乙殿、关帝殿、纯阳宫、钟鼓二楼等组合穿插而成，40余座殿堂楼阁均是在绝壁上凿洞插梁、开石立柱构建。殿堂楼阁

图9-1 悬空寺远景

悬空寺位于恒山入口处金龙峡内。为全国重点文物保护单位。寺庙位于天峰岭和翠屏峰之间，上接危崖，下临深渊，倚山为基，就岩起室，结构层楼，飞阁相通。远望如玲珑剔透的木雕，镶嵌于万仞绝壁之中；登临殿阁，曲径回廊，斗角勾心，悬空危崖，令人胆战心惊。悬空寺建筑共有40余间，半插飞梁为基，巧借岩石依托，鬼斧神工，被徐霞客赞为"天下巨观"。

图9-2a,b 悬空寺山门外景

山门位于寺院南端，顺山崖拾阶而上，即入山
门。山门南北各有危楼对峙，既是钟鼓楼，又
是门楼，参差叠置，变化微妙，具有多层布
列、自由组合的特点。

之间有栈道相通，危楼盘旋，横殿叠架，碧瓦朱甍，巍峨壮丽。悬空寺的总体布局既不同于平川寺院的中轴突出、左右对称，亦有异于山地庙宇的依山就势、高下叠置，而是巧用力学原理附崖而建，布局紧凑，错落相依，回转曲折，穿插多变，建筑施工之难度可想而知。登楼俯视，如临深渊；下谷仰望，悬若长虹；隔岸远眺，但见重楼飞挂，画廊腾空，似壁上悬物而飘逸欲飞，俨然仙山琼阁。诚如明代王湛初诗云："谁凿高山石？凌虚构梵宫。蜃楼疑海上，鸟道没云中。"

寺宇依岩壁背西面东，呈南北走向布列，参差叠置，形体组合与空间对比显得既错落有致，亦井然有序，山门在寺院南端。拾级而上，入寺门，穿暗廊，抵院内，南北各有危楼对峙，既是钟鼓楼，又是门楼。院西依崖建面阔四间进深一间双层双檐平顶楼阁一座。东面就岩起墙，形成一处长不足10米、宽仅及3米的狭长院落。自院北钟楼内攀梯而上，可入三佛殿、太乙殿和关帝殿等建筑。二座大殿顶部南北两侧分别建观音、地藏、伽蓝诸殿，均就崖入龛，单檐歇山，平面呈方形。钟楼以北悬崖峭壁上起面阔三间、三面出廊、3层三檐歇山顶楼阁两座，南、北高下相望，中隔断崖，以栈道相连，分别为雷音殿、三官殿、纯阳宫、三教殿、观音殿、五佛殿。这两座摩天高楼于峭壁之上开凿洞窍，半插飞梁，下以不及碗口粗细之木柱支撑，柱脚插于岩缝，既无础石，亦无钉镣，令人更觉凌空欲飞，如悬似挂。这些建筑占地面积虽然不大，但是建筑形

图[9-3] 鼓楼

平面方形，2层楼阁，单檐歇山顶，铺黄绿琉璃瓦。登临二层，周施转栏，凭栏可俯视恒山远景。

a

图9-4a,b 绝壁插梁

悬空寺建筑巧借力学原理，于峭壁上开凿洞孔，半插悬梁，下部以细木柱支撑，柱脚插于岩峰，既无础石，也无钉锲，建筑物若断崖飞虹，凌空欲飞。

式多样，有单檐、重檐、三层檐；有平顶或坡顶斗栱结构，于对称中有变化，分散里有聚联，窟中有楼，楼中有窟，半窟半殿，窟殿相连，曲折回环，虚实结合，疏密有致，构思奇妙。登游过程中攀悬梯，穿石窟，钻天窗，走屋脊，步曲廊，跨飞栈，忽上忽下，忽梯忽洞，忽廊忽径，如入迷宫。

寺内有各种铜铸、铁铸、泥塑、石雕像近80尊，其中大多是具有较高艺术价值的珍品。三佛殿内的脱纱像置于须弥座上，褒衣博带，结跏趺坐，面相丰满，神态安详，飞龙背光尤为精美。三教殿内佛、道、儒三教之祖释迦牟尼、老子、孔子塑像共居一室，是中国历史进程中三教合流的反映，颇耐人寻味。

a

悬空寺为北岳恒山十八景之冠，历代骚人墨客多有题咏，均镌刻在悬崖峭壁上，供游人欣赏观瞻。1990年，国家文物局拨专款对悬空寺进行大规模加固和维修，使这一座国内罕见的建筑在悬崖峭壁上的古刹得以再现当年的风采。1991年，恒山文物管理所组织专人依现存于大同华严寺内的清代拓片原迹将年久风化消失百余年相传为唐代大诗人李白所书"壮观"二字重新镌刻在寺下峭壁上，令游客大饱眼福。

图9-5a~c 空间曲折
寺宇依岩壁而建，呈南北走向多层次布列，建筑高低错落、形式多样，斗栱曲梁，虚实相生，窟殿相连，曲折回环，游人攀悬梯，钻天窗，穿屋脊，越曲廊，忽上忽下，时进时出，如入迷宫。

b

c

峭壁悬空建梵宫

筑境 中国精致建筑100

图9-6 雷音殿、三官殿、纯阳殿外景／上图

悬空寺雷音殿、三官殿、纯阳殿等40余间殿堂
楼阁均依山势悬崖悬挂而建。登楼俯视，如临
深渊，下谷仰望，悬若长虹，古人有诗赞曰：
"飞阁丹崖上，白云几度封"，极言其险峻。

图9-7 雷音殿塑像／下图

悬空寺内有各种铜铸、泥塑像近80尊，图为雷
音殿内彩绘泥塑，表现了佛教内容。

十、龙山幽境大云寺

在恒山西南，五台山北端，滹沱河和桑干河之间，有一处自然风光与人文景观相映成趣的风水宝地，名曰"龙山"。山以"龙"名，可见其形之状，其地之灵。龙山今已辟为自然保护区，是北岳恒山景区的组成部分，面积达126.75平方公里，东北距浑源县城20公里。自浑源县城西行至李谷，过麻汇庄上永安山，沿山谷前行，两崖夹峙峭峻，途中巨石皆跨谷萦路，诡怪奇崛，若坐卧跪立，形状各异。沿途溪流婉转，叮咚作响。循山道盘折而上，约行二三里，一峰突兀孤高，矗立眼前，山间树色青黄红紫相间，绚烂夺目，又前行数百步，峰回路转，渐入佳境。行进间，寂静山林在蓝天白云下传出风雨之声，令人顿生疑虑。侧耳谛听，风雨之声又变作千人喧笑不已，引得山鸣谷应。近视之，乃流泉一派，自山上堕入绝壑中，穿林络石，似雪练飞逐，观泉有趣，听泉更佳。再前行至烈风崖，崖壁险峭，双峰高入云霄，下有泉源潺潺流淌。越前行，路越隘，两崖间复有泉出，跌落于巨石上，树影交幕，水声铿锵，微风吹拂，砟矼四溅。又前行约二三里，树丛中古刹隐现，乃玉泉寺。山间云雾缭绕，瞬息万变，目极皆山，不见平地。峭崖峡谷间多大石，或如人立，或似兽啸，或若禽翔，或状鬼攫，森竦可怖。过石崖向南，有龙山古寺隐于绿荫中。出寺院沿萱草坡登龙山之巅，视界开阔，塞北风物尽收眼底，令人心旷神怡。龙山自然保护区青山如屏，翠峰挺秀，危峦险峻，怪石林立，沟谷幽深，山泉奔涌，曲径盘绕，云烟苍茫，自古迄今有许多高人韵士游历于此，留下了脍炙人口的篇章。

金、元之际文坛巨擘元好问的《游龙山》诗对这里的山峦、泉水、藤树、花草、怪石、云雾给予了热情的讴歌和极高的评价。金末虞乡（今山西永济）人麻革所撰《游龙山记》以优美的文笔竭力赞颂龙山之美。

麻革当年游龙山时路经并在其间午休的大云寺位于龙山脚下的荆庄村西北隅，东距浑源县城约10公里，全称"大云禅寺"。寺宇坐北向南，昔有三进院落，四座殿堂，自南而北依次为山门、天王殿（过殿）、大雄宝殿、倒座，东西两侧有钟鼓二楼及厢房、配殿，惜于新中国成立前夕被毁，所幸其主体建筑及大雄宝殿尚存。据清高宗乾隆癸未年版重修《浑源县志》记载，"《旧志》大云禅寺二：一在州西南四十里龙山，为上院；一在城西荆家庄，为下院。胥元魏时建。"据此可知，大云寺的始建当在北魏时期。今存大殿面阔三间，10.9米，进深二间四椽，8.75米；平面呈长方形，单檐歇山顶，绿色筒板瓦覆盖，正脊长9.53米，总高约9米，出檐深远，但被后人截短。殿身筑于台基上，后因院内地面加高而不甚明显。殿前有小型月台，门窗隔扇等为后来更换。大殿主体构件呈金代风格，采用"减柱造"，减去金柱2根，施檐柱10根，以断面较大的内额横跨两间，扩大了内部空间，突出了佛坛位置。檐柱上施斗栱一周，均为四铺作出一跳，单栱计心造。除柱头铺作外，前后檐当心间均施补间铺作两朵，次间及进深左右檐下补间铺作均施一朵，转角铺作出45°斜栱。所有耍头、斗栱均用足材，材高18厘米，宽12厘米，栔高8厘米。挑头上横施令栱，上置十字开口交互斗承托挑檐枋。柱子中心用泥道栱和慢栱，其上承托柱头枋。这些斗栱对减轻梁架的净跨负荷、对外承托深远翼出的屋檐作用极大，保证了建筑物的稳定性。殿内梁架为"彻上露明造"。殿顶举折平缓，整体造型庄重古朴，是北岳恒山风景区内不可多得的金代建筑。

十一、凤山神溪与千佛塔

恒山之北，浑河北岸，浑源县城北约3.5公里处，有恒山风景区的组成部分神溪景区，方圆2.5公里，因山形有如凤凰栖居而名"凤山"，又因山下数处清泉乃浑河源头之一而被当地人称作"神溪山"。山南有孤石一块，占地约一亩见方，高十米，周环碧水，称"神德湖"。湖中泉水涌溢，四周林木掩映，风景如画。孤石之巅建律吕神祠，祠宇倒映水面，与四周景观形成一组极有情趣的画面，号称"塞上江南"。每至月圆之夜信步于神溪沿岸，恍若置身瑶台仙境，故"神溪夜月"向为历代文人所咏唱。明代神溪邑人孙聪依山临水拓建凤山书院，同时标列了凤鸣亭、翠微楼等"凤山十二景"。1949年后，新建了浑河水库和神溪旁引水库，使原来的"四海"变成了"五湖"，并在库内养鱼，湖旁植树，形成了一个山水相映、风景绮丽的园林景区。

在恒山之阳天峰岭（玄岳峰）西南约20公里处，有千佛岭。这里林海苍茫，方圆数十里人迹罕至。千佛岭因山岭上有千佛塔和千佛洞而得名。密林深处原有千佛、板方、碧峰三寺，今已不存。在碧峰寺西之峭崖高处有碧峰洞，阔5米，深50米，洞壁镌辽"大康三年建禅窟岩记"字样，洞口有明世宗嘉靖二十七年（1548年）重修寺碑一通。岭西北有光崖谷，呈东西走向，是古代浑源通繁峙之交通要道。谷口北岸老君峰上有占地约一亩、高数十米的巨石，谓"老君石"，远望若香炉，近看似碉堡，传为太上老君炼丹处。巨石东南有一条裂缝，顶部平滑如砺，四周凿有石坑，似古人施围栏所凿。石顶正中有一米见方的洞口一个，口下为高及丈余、面积约6平方米的石屋一座，从洞口石痕可知过去曾有亭、阁之类建筑物。

千佛宝塔建于千佛岭山顶平台一块峭石之上，为小型仿木结构楼阁式砖塔，通高7米，平面呈六角形，四层实心，塔前镌刻"千佛宝塔"四字。塔身底部为砖砌束腰须弥座，高2米，六面均镌刻各种花纹图案。塔身东南砖券假门，上部施砖雕普拍枋，上置三踩单翘斗栱。各转角处均置角科斗栱一攒，二层以上不用斗栱，只是挑出塔檐及飞椽，第四层塔身内收，顶置塔刹，惜已塌毁。宝塔结构简洁，立面古朴，为明代小型砖塔之代表作。塔下岩石南后辟门，内凿佛洞三窟，名曰"千佛洞"。居中主洞内三面各雕高1.5米之石佛像一尊，四面镌刻10厘米高小佛像数千尊，窟门右侧另刻高0.75米之佛像一尊，作卧状，双目微睁，身体倾斜。另两洞有大小佛像十一尊。这些石雕像镂刻颇精致，为明代造像中较好的作品。

在恒山东南距浑源县城约50公里的王庄堡镇汤头村有天然温泉。北魏建都今大同后，皇室在这里修建了规模宏大的温泉宫，文成帝拓跋濬、孝文帝拓跋宏（元宏）及文明太后等都曾先后行幸于此。北魏以后的历朝历代，每当四月初八日恒山庙会时，朝拜了北岳大帝的香客游人多到这里洗浴温泉，或带走泉水以备疗疾。后因战乱而使历代修建的泉室、宫殿、庙宇等毁坏殆尽。汤头温泉属高热温泉，水温高达 63℃，日出水量逾600多吨，水中除含硫化氢、钾、钠、钙、镁等20余种矿物质外，且含氡气、β射线和多种微量放射性元素，不但可以促进肌体的新陈代谢，增强免疫功能，消炎脱敏，而且对牛皮癣、湿疹、皮炎等各种皮肤病疗效显著。这里不仅是疗养治病的场所，而且自古以来就是一方名胜，北魏著名学者常爽曾设教于此，有弟子七百，当时知名学者如元赞、司马真安、程灵蚪、崔浩、高允等皆学成于此，对形成有魏一代文风影响至深。这里依山傍水，周布果园，地处恒山东南麓，与北岳风景区融为一体，是中外游客常来常往的旅游热点。

十二、浑源城访古

恒山所在地浑源县历史悠久，西汉时曾于今县西置崞县，于今县北置繁峙县。自唐以降，建置屡有变更。在这座古老城池中，迄今仍保存着诸多名胜古迹，成为北岳名胜区的重要组成部分和游览者必至之地。其中最著名者有文庙、永安寺、圆觉寺塔及栗毓美墓。

文庙亦称"学宫"，在浑源县城西大街路北，始建年代不详，至辽、金时期，仅大成殿尚存。元、明间屡有扩建，今存之大成殿即明宪宗成化初重建。入清，仍屡加修葺。今存建筑临街南向，有四进院落，临街处为棂星门，对面路南有大成坊。入门后第一进院内有东西斋舍各三间，中建戟门（即大成门），面阔三间，进深两间。过大成门后为第二进院落，中为大成殿，面阔七间，进深四间。东西两侧配殿各六间。第三进院落是明伦堂，东西两侧有进德、修业二斋。第四进院内中建散亭，亭后建尊经阁。庙东有附属建筑奎星楼、文昌阁、崇圣祠、贤宦祠、乡贤祠等。金以后

图12-1a,b　永安寺大殿及斗栱/对面页

永安寺位于浑源县城内，始建于金代，火毁后于元初又重建，现有山门、中殿、大殿及东西厢房等。大殿面宽五间，长 24 米，单檐庑殿顶，气势宏畅，造型古朴，为寺中主要建筑。大殿斗栱为五铺作单杪单昂计心造，补间施斗栱一朵。处理手法十分简洁。图为大殿前檐柱头斗栱。

a

b

a

县城为州衙所在，今存文庙当为州文庙，故规模较大，布局严谨，目前庙貌保存基本完整。

永安寺在县城东北隅鼓楼北巷，因其规模宏大，建筑雄伟，故俗称"大寺"，为山西省重点文物保护单位。据《寰宇通志》及《大永安禅寺铭》等史料记载，寺始建于金，后毁于火。元初，曾任云中招讨使都元帅兼永安（"永安"为浑源别称）军节度使的浑源邑人高定告老还乡后，见寺院破败不堪，遂捐资重建山门、佛殿、云堂、府库、方丈室，并邀请著名高僧归云禅师就任主持，庙貌开始复兴。归云禅师圆寂后，寺宇一度

b

图12-2a,b 永安寺壁画（十大明王之一及十殿阎君图）
大雄宝殿四壁绘有明代壁画，内容为观音菩萨、十大明王
及十殿阎君、地狱变相等。壁画构图、用线、设色均为上
乘，技法纯熟，人物传神，是明代寺观壁画中的佳品。

衰落。元世祖至元二十六年（1289年）到三十年（1293年）间，高定孙宣武将军高琰自保德州承天寺请回归云禅师重孙西口禅师到永安寺担任主持并兴建大解脱门五楹，同时对佛殿进行了修葺，以致"三门华丽，藏教焕然，成一时之壮观"。明初于寺内置僧网司，扩大了寺院规模，并在世宗嘉靖和神宗万历年间进行了局部修葺及扩建。清康熙初年在山门前加筑牌坊一座。此后几年又曾数度维修，尤以高宗乾隆二十六年（1761年）的补葺扩建为最，有碑文记其事。寺内院落平坦，南北长80余米，东西宽约50米，布局疏朗。寺院坐北向南，殿堂巍峨壮观，分为前、中、后三进院落。前院为元初永安寺旧址，中院为元延祐年间扩充部分，后院为明洪武年间并入永安寺的报国寺旧址，现存规模则是明初扩建后形成的。前院和

图12-3 文庙大成殿

文庙位于浑源县城，现只存主体建筑大成殿，面宽五间，进深三间，单檐庑殿顶，始建于元代。

中院尚完整，后院已坍塌，保留下来者恰是元代始建和扩建部分，十分珍贵。今存山门、天王殿、正殿及东西垛殿和配房等建筑，除正殿尚具元代建筑手法外，余皆明清两代增建。正殿即"传法正宗殿"，实际上就是大雄宝殿，系寺内主体建筑，雄浑壮阔，处于寺院中部，在天王殿后面，坐落在高大的砖砌基座上，前设月台及石阶。大殿面阔五间，长24米，进深三间，宽15米；单檐庑殿顶，上覆黄绿蓝三色琉璃筒板瓦，以黄色为主，堆花脊饰，正脊居中置宝刹，两端鸱吻高耸。垂、戗脊兽等制作精美，色泽纯正，造型生动，大殿外观显得稳固端庄。前檐明间宽大，次间和梢间略小，明间及次间均安装隔扇门，后壁施板门，余皆筑以厚墙。殿内柱子排列特殊，明间柱距特宽，减去前槽金柱，扩大了殿内空间，既有利于礼佛活动，也节约了木材。大殿檐下施五铺作单杪单下昂斗栱，为重栱计心造。明间施斗栱两朵，次间、梢间和两山面各施一朵。殿内明间梁架上雕镌天宫楼阁和藻井，为元代原作，极精致，乃山西省境内除永乐宫之外其他元代建筑所罕见。次间与梢间为"彻上露明造"。殿内居中筑佛坛，上置一佛二弟子共三尊塑像，居中为释迦牟尼佛，结跏趺坐于莲台上，两侧为阿难、迦叶二弟子。殿内壁画尚存，总面积164平方米，绘有各方诸佛、诸菩萨众、阿修罗众、大罗刹众、十大明王、五方诸帝、太乙诸神、十二星辰、二十八宿、四宫天神、日月天子、王宫 圣母、五岳帝君、四海龙王、五湖百川、风雨雷电、金木水火土各星君，以及帝王宫妃、文武百官、才女鸿儒、孝子贤妇、黎民百姓、僧尼道姑、百工九流等，佛、道、儒三教人物汇聚一壁，有各种人物841个，场面壮阔，人物表情生动，笔锋秀逸，色泽鲜艳。近年，经多位专家考证，对其绘制年代看法不一，但目前学术界普遍接受了"永安寺壁画绘制于明"的观点。其中有一明王，外貌为蓝面红发，形容丑恶，但灵魂深处却分明显现着佛家大慈大悲的心态，这种外丑内美之立意和构思，与《聊斋志异》所述画皮鬼外美内丑适成对比，令人思之有味。永安寺壁画可谓集中国宗教信仰神祇之大成，是研究中国宗教思想演进和变化的珍贵资料。

图12-4a,b 圆觉寺塔及细部
圆觉寺塔位于浑源县城内，建于金代。塔平面六角形，为楼阁式仿木结构砖塔。下部为基座，设平座勾栏，中部三门三窗，柱头上施普拍枋。上部出密檐九层。砖塔造型精美，现为省级重点文物保护单位。

a

b

图12-5 圆觉寺塔刹

塔顶施莲花式铁铸塔刹，相轮宝瓶镂空制作，工艺精美。铁刹尖端立一只凤鸟，可随风旋转，指示风向、风力，是研究我国古代气象观测仪器的珍贵实物例证。

圆觉寺在浑源县城内东北隅石桥北巷，因规模较小，与比邻而居的"大寺"永安寺彼此对应，故当地人俗称之为"小寺"。寺院由山门、东西配殿、大雄宝殿及寺塔等组成，惜多数建筑已毁，唯寺塔独存。寺塔全称"圆觉寺释迦舍利砖塔"，为省级重点文物保护单位。"圆觉"一词出自佛教谛义，乃"觉者"（即"佛"）的第三层含义，亦称"无上觉"，就是圆满无上之灵觉。据清世祖顺治年间版《浑源州志》记载，寺塔建于金海陵王正隆三年（1158年），明宪宗成化五年（1469年）曾作过一次修葺。王鹏飞先生在《文物季刊》1992年第2期撰文认为寺塔系辽末所建，属辽代后期之密檐塔，言之有据。塔平面为等边八角形，9层实心砖构，底层和九层较高，二层至八层檐距缩短，密檐飞栱，仿木构砌筑。塔身下直上尖，系柱锥结合形，通高24米。基座高4米，雕刻精致，除叠涩之外几乎全部系仿木结构形式，可分为壸门、叠涩和平座三个部分。整个基座的雕刻柔丽纤巧，规整细腻，呈明显的宋代风格。塔身底层特别加高，各转角处皆雕八角形倚柱，柱上有栏额、普拍枋和斗栱。四面皆门，唯南向为真门，可出入塔室。室内原有佛像和壁画，惜今已不存。北面隐刻假门，门户半掩，有妇人启门欲出，神态自然逼真，乃宋、辽、金时期墓葬雕刻常见之形式。塔身二、三层有简单平座，四至八层为密檐，二至八层塔身甚矮，塔檐叠涩而成，外形轮廓急剧收分，至第九层高度加大，似乎是为了给塔刹提供一个稳定的基础。塔顶为莲花镂空铁刹，下设束腰刹座，上为仰莲式受花，受花上置覆钵、项轮、圆光、宝盖、宝珠。顶端刹杆耸立，刹尖有造型精美的铁质"翔凤"一只，可随风旋转，具有风标作用，是艺术化的风动仪。凤形风标、圆盘、枢轴、套筒等重达5.5公斤，刹杆连同饰物长约5米，重77公斤。传说凤有五色，青黑色为主者曰"鸾"。古代帝王以鸾饰车，配置铃铛，称"鸾铃"。圆觉寺塔檐角悬铃，塔刹为具有风标作用之铁质黑色翔凤，故寺塔亦谓"铃鸾风塔"。遇风时鸾凤以刹杆套筒为轴旋转，风停风止，可辨风向。这是海内外迄今所知仍在起指示风向作用的唯一流传下来的古代凤形风标，是研究中国古代气象观察仪器的珍贵文物，为他处所未见。塔刹下层宝盖四周施铁链8条，用以稳固塔刹。圆觉寺塔造型别致，轮廓秀美，雕刻精细，时代确切，乃国内现存辽金砖塔之佳作。

图12-6 享殿
过石牌坊后，建有享殿。面宽三间，硬山式建筑，灰瓦布顶，门前立石狮一对，把墓区和前院分开，是中轴线上较大的建筑。

图12-7 栗毓美墓

位于浑源县城边，是为纪念清代举人栗毓美而建的。墓地规模很大，有石坊、华表、享殿、石像生等。

栗毓美墓在浑源县城东门外距县城 0.5 公里处，为山西省重点文物保护单位。栗毓美字友梅，又字含辉，号朴园，亦号箕山，浑源县人，清高宗乾隆四十三年（1778年）生，宣宗道光二十年（1840年）卒，终年63岁。毓美幼年聪颖好学，24岁以拔贡生在河南任知县，后历任知州、知府、按察使、布政使等职，颇有政绩。道光十五年（1835年），授河东河道总督，主管中原地区黄河治理，首创"以砖代埽"之治河方法，效果卓著，有《治河考》、《砖工记》等著作留世。他为官清廉，洁己爱民，深受百姓拥戴，晚年为治河奔走呼号，积劳成疾，病逝于任上，当时"绅耆兵民妇人孺子及无告穷民莫不感痛泣下"，"沿途外邑士民远赴殡次致祭者数旬不绝"，众官吏"亦皆闻之流涕"。道光皇帝因其治河有功而追赠太子太保，谥号"恭勤"，敕建陵，赐祭葬。陵墓坐北向南，平面呈长方形，占地 13~14 亩（约1万平方米），自前至后依次为大门、牌坊、享殿、石人石兽及墓冢等，布局规整，清静肃穆，主轴贯通，气势壮观。墓地南端大门外两侧有御祭碑和神道碑各一，高5米，以汉白玉镌刻，下置赑屃，顶部为龙凤呈祥。神道碑在甬道东侧，正面镌刻"皇清诰授光禄大夫兵部侍郎兼都察院右副都御史总督山东河南河道提督军务晋赠太子太保谥恭勤栗公神道"凡46字，背面镌刻"栗公神道碑铭"，碑额6个篆字出自清代著名学者阮元手笔，碑铭为翰林学士彭邦畴撰文，书写铭文者则是被誉为"三代帝王师"的户部尚书寿阳邑人祁寯藻。墓地大门为砖构券拱形式，前檐雕刻有椽飞、连

图12-8 石牌枋

位于栗毓美墓前院正中，整体用汉白玉雕造而成，雕工精美，是石雕艺术中的精品。

图12-9 石雕像
位于栗毓美墓后院，用汉白玉雕成武士形象，像高2米左右，身着盔甲，气度轩昂，有一定艺术价值。

檐、瓦垄、瓦当等仿木构件，栏额出头处镌刻精细入微。门额悬匾一方，上镌"栗氏之城"四个大字，周边浮雕蟠龙，刻工洗练。大门后为汉白玉牌坊三间四柱，高5.1米，宽10.8米，柱皆方形，华表形式，前后施抱柱石，柱头雕石狮，中门横施上下额枋。坊顶雕刻楼头，内镌"谕赐祭奠"四个大字，下刻"宫太保河东河道总督栗恭勤公莹"14字，两侧镌刻对联一副："伟绩著宣防传列名臣瑶阙星辉分昴毕，巍阶崇保传神安永宅玉华云气护松楸"。整个牌坊玲珑剔透，华美典雅。牌坊东西两侧耸立华表各一座，高约5米，通体雕镌蟠龙，间镌云纹，顶刻蹲狮，俊美别致，威武雄壮。牌坊前雄踞雕刻精细的石狮和御祭碑各一对，中轴线上直通享殿的甬道两侧分列石羊、石虎、石马、石文臣、石武将各一尊，俱造型生动，雕刻技艺十分精湛。享殿是当年祭祀之所，亦是陵园的主体建筑，今已面目全非，改作他用。唯殿前石狮尚存。墓冢封土作半球状，高5.3米，直径10.6米，周长36米，四周台高1米，全部以汉白玉围砌。墓室内之墓志铭为林则徐撰写，今仍清晰可辨。

大事年表

朝代	年号	公元纪年	大事记
史前期			舜帝北巡至恒山，始封其为"北岳"
战国			赵简子遣子往恒山寻"宝符"，攻取代国
秦	始皇帝年间	公元前221-前210年	秦始皇封天下十二名山，亲临恒山，封北岳为天下第二名山
汉	文帝年间	公元前179-前164年	刘恒避其名讳，改"恒山"为"常山"
汉	武帝年间	公元前140-前87年	刘彻亲临恒山祈福
北魏	太武帝年间	424-435年	拓跋焘登恒山致祭。始建北岳寝宫。在恒山东南麓建温泉宫。著名学者常爽设教于温泉宫一带。始建悬空寺，创建大云寺
隋	大业四年	608年	炀帝赴恒岳致祭，"西域吐谷浑十余国咸来助祭"
唐	开元元年	713年	玄宗敕封北岳神为"安天王"
宋	大中祥符四年	1011年	真宗加封北岳神为"安天元圣帝"
辽	大康三年	1077年	在千佛岭碧峰洞开凿禅窟镌造佛像
辽	大康末年	1084年	创建圆觉寺砖塔
金			初期建永安寺，高定扩建永安寺

朝代	年号	公元纪年	大事记
元	皇庆年间	1312-1313年	同知刘世忠扩建恒阴县城文庙
	延祐二年	1315年	高璞补葺永安寺
	泰定三年	1326年	知州赵墀扩建文庙
	至元五年	1339年	惠宗封北岳神为"安天大贞元圣帝"
明			初期，确定浑源县境内的恒山主峰为北岳之正。扩建文庙
	成化年间	1465-1487年	张开在停旨岭峭壁上镌刻"恒宗"二大字。修葺圆觉寺释迦舍利砖塔
	弘治十四年	1501年	始建北岳庙，改旧岳庙为寝宫
	嘉靖年间	1522-1566年	局部维修永安寺。镌刻重修碧峰寺碑
	万历年间	1573-1619年	修葺永安寺。万历皇帝御赐北岳恒山各种道经及敕谕北岳住持道士圣旨，赠北岳庙《大藏经》并镌立《新贮道大藏经记碑》
	崇祯六年	1633年	徐霞客考察恒山。晚期，建千佛宝塔。邑人孙聪建凤山书院
清	顺治十七年	1660年	清廷自顺治始正式于浑源县境祭北岳
	康熙年间	1662-1722年	康熙皇帝为恒山御题"化垂悠久"四字匾。维修永安寺
	乾隆二十六年	1761年	大修永安寺
中华民国			明万历皇帝所赠《大藏经》全部遗失

图书在版编目（CIP）数据

北岳恒山与悬空寺 / 王宝库等撰文 / 王昊摄影. —北京：中国建筑工业出版社，2013.10
（中国精致建筑100）
ISBN 978-7-112-15719-8

Ⅰ.①北… Ⅱ.①王…②王… Ⅲ.①恒山–介绍②佛教–寺庙–建筑艺术–大同市–图集 Ⅳ.① K928.3②TU–885

中国版本图书馆CIP数据核字（2013）第189477号

◎中国建筑工业出版社

责任编辑：董苏华 张惠珍 孙立波
技术编辑：李建云 赵子宽
图片编辑：张振光
美术编辑：赵 清 康 羽
书籍设计：瀚清堂·赵 清 周伟伟 康 羽
责任校对：张慧丽 陈晶晶 关 健
图文统筹：廖晓明 孙 梅 骆毓华
责任印制：郭希增 臧红心
材料统筹：方承艺

中国精致建筑100

北岳恒山与悬空寺

王宝库 王 鹏 撰文/王 昊 摄影

中国建筑工业出版社出版、发行（北京西郊百万庄）

各地新华书店、建筑书店经销

南京瀚清堂设计有限公司制版

北京顺诚彩色印刷有限公司印刷

开本：889×710 毫米 1/32 印张：2³/₄ 插页：1 字数：120 千字
2015年9月第一版 2015年9月第一次印刷
定价：**48.00**元
ISBN 978-7-112-15719-8
（24308）